도아야
맘마먹자~

초기부터 완료기 이유식까지 98가지의 건강 레시피

요리선생 할머니가 만드는

도아 이유식

서경희 저

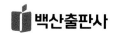
백산출판사

유영진

대구가톨릭대학교 명예교수

(前 학부, 대학원 학과장/평생교육원장)

많은 풍요와 넉넉함으로 부족함이 없는 좋은 세상에 살고 있음이 감동입니다. 가공식품과 인스턴트 식품, 패스트푸드, 냉동, 냉장 식품이 범람하는 지금 많은 사람들이 즐겨 찾는 먹을거리들은 편하고 편리하고 맛도 있어요. 조미료나 합성 첨가물, 방부제가 들어 있어서 어른들이 즐겨 먹기에는 약간의 망설임이 있긴 합니다.

오래도록 후진 양성과 대구 시민교육에 혼신을 다한 서경희 원장의 연구물 『요리선생 할머니가 만드는 도아 이유식』 책이 출간 예정이라는 소식을 접하고 감개무량함에 펜을 잡았습니다. "이 시대에 걸맞은 연구를 참 잘 하는구나" 칭찬하고 싶어서요.

하는 일이 많아서 연구 논문을 게재하지는 않았지만 과거에 교과부, 지경부 힐링푸드(고혈압, 당뇨 등 성인병 치유 시험식) 교육사업에 참여했던 이력이 있고, 현재도 음식 만드는 일을 계속하고 있음에 박수를 보냅니다.

세상을 처음 경험하는 아기들에게 희소식이네요.
밥이 보약이다, 밥심으로 산다는 말을 새기면서 신세대 초보 엄마들에게 망중한을 선물하는 마음입니다. 부디 이 책으로 즐겁고 행복하게 이유식 만들어 먹이면서 건강하고 영특한 미래의 재목을 만드는 데 도움이 되었으면 좋겠다는 바람입니다.

이춘호

(대구음식문화학교장/전 영남일보 음식전문기자)

동방예의지국(東方禮儀之國), 대한민국의 맨파워는 한때 '한강의 기적'이란 이름으로 세계 만방에 그 저력을 널리 떨친 적이 있습니다. 이제 우리의 경제력은 세계 10위권에 들어섰습니다. 하지만 어느 순간 한국은 무한경쟁의 세상, 아귀다툼의 세상으로 전락하고 있습니다.

빈익빈 부익부가 가속되고 세대 간 갈등도 심해지고 있습니다. 더욱 심각한 것은 태어난 자녀를 위해 최소 3년 정도는 부모의 사랑을 안겨주어야 할 터인데 맞벌이 권하는 시대 탓에 영아들은 부모의 손에 양육되지 못하고 숱한 타인들의 손에서 사육되다시피 하고 있습니다.
한마디로 몰부모/반부모시대로 전락하고 있습니다. 그 연장에서 미시족 젊은 산모는 슬림한 체형 유지를 위해 모유 수유를 거부하고 점차 공장표 분유에 길들여지기 시작했습니다.

갈수록 외식지상주의에 매몰되고 있습니다. 부엌을 버리고 가정에서 요리하는 걸 싫어하는 세태가 도래한 겁니다. 아이들의 밥은 '부모가 책임지지 않고 편의점의 저가 삼각김밥이 책임진다'는 말까지 나돌고 있습니다. 자연의 기운에서 너무나 멀어진 각종 패스트푸드형 가공식품이 아이들의 체력을 저하시키고 있습니다. 고향표 밥상, 그리고 엄마표 밥상이 실종된 대한민국의 국민건강이 실로 걱정스럽습니다.

살림을 제대로 할 줄 모르는 신세대 부부들, 그들은 배달음식과 밀키트 음식 등에 중독되었습니다. 성인은 상대적으로 덜할지 모르지만 갓난아이들은 기본 영양소를 골고루 섭취해야 하고 기본 골격이 형성될 때까지 필수 영양소와 각종 미네랄을 제때 공급해야 합니다. 하지만 그 아이에게 어떤 이유식을 어떤 패턴으로 먹여야 할지 그걸 제대로 고민하는 요리연구가조차 그렇게 많지는 않습니다.

이런 세태 속에서 계절이 살아 있고 자연친화적이며 약식동원의 개념이 있는 유아만의 이유식 시스템을 연구해 온 요리연구가가 있습니다. 바로 이번 책의 저자인 서경희 씨입니다.
최근 『대한민국 맛의 방주 향토편』이란 공저 출간에도 참여한 필자는 힐링 도시락 보급운동을 벌이는가 하면 한국 슬로푸드 연대기 연구에도 매진하고 있습니다.

이 책은 국내 각종 이유식 관련 서적 중에서 비교적 영양학적인 안배, 그리고 아이들의 발육상태에 따른 식품군의 집중과 분산 등에 많은 비중을 둔 듯합니다.
필자는 왜 이 책을 출간하게 됐을까요?
손녀 도아의 첫돌을 기념해 이유식 요리북을 선물하고 싶었다고 하네요. 유튜브 '요리선생 서경희의 집밥'을 촬영하는 시기와 손녀가 이유식을 해야 하는 시기가 겹쳤고, 특히 쉽고 간단하고 간편한 생애 첫 음식인 이유식 요리북을 전국 신세대 부부에게 선물한다는 맘으로 출판을 서둘렀던 모양입니다.
이 책의 편재를 보면 이유식을 초기, 중기, 후기로 나누어 시기별로 잘 정리했습니다. 해당 항목별로 요리하는 법도 간추려 놓았습니다.

모유 섭취를 마치고 이유식 시기에 접어들 때 아이는 심리적으로 상당한 스트레스를 받게 됩니다. 그런 상황에서 식재료가 가진 영양소와 음식궁합적인 측면을 고려했을 때 자기 아이에게 가장 적합한 이유식을 선택하는 것이 여간 어려운 게 아닙니다. 따라서 식품회사에서 만든 공장표 이유식에 기대기 십상인 게 현실입니다.
좋은 이유식을 먹은 아이는 그렇지 않은 아이에 비해 체력은 말할 것도 없고 인성 또한 좋아진다는 게 식품의학계의 일치된 의견입니다. 하지만 갈수록 제대로 된 이유식 문화가 실종되고 있습니다.

아무튼, 이 책은 방향감각을 상실한 한국 이유식 식단에 하나의 나침반이 될 것 같습니다. 부디 이 책이 대한민국 미래의 동량이 될 아이들에게 새로운 복음이 되기를 기원하는 바입니다.

지난해는 내 삶에서 가장 뜻깊은 해였습니다.

급속한 과학기술의 발달로 컴퓨터 활용 능력이 많이 부족해서 제가 따라가기에는 너무도 벅찬 세상에 살고 있습니다.

어제가 옛날이어서 지금도 힘들어하고 있습니다.

대경대 호텔조리학과 외래교수 시절에는 컴퓨터로 성적을 평가할 때 많이 난감하여 아들의 도움을 받았었고요.

대구시 주관 교과부, 지경부 교육사업 힐링사업단에 참여했을 땐 지도 교수님께서 적극 도와주셔서 성황리에 큰 결실을 얻고 박수 받으며 마칠 수 있었습니다.

현업 마음찬도시락을 운영하면서 홍보, 마케팅, SNS, 교육에 관련된 모든 일들이 컴퓨터로 이루어지는 지금도 아들, 조카, 제자들, 주변 젊은 지인들의 도움으로 열심히 배우고 익히고 있습니다.

체계적이지 못하여 엉성하게 활용하지만 영남일보에 잠깐 음식 연재도 했고요.

블로그 요리선생 서경희, 유튜브 요리선생 서경희의 집밥 같은 상업요리와 요리선생 할머니가 만드는 도아 이유식, 페이스북, 인스타그램에 글도 올리고 있습니다.

공저로『대한민국 맛의 방주 향토편』출판도 했고요.

늘 꿈꾸며 하고 싶어 했던 일들을 다했어요.

해군사관생도 출신의 며느리가 출산과 동시에 휴직을 하여 오롯이 육아에만 마음을 씁니다.

훈련과 교육 출장이 잦은 ROTC 출신 장교로 근무 중인 아들과 함께 뜻 맞추어 도아만을 위하여 온 정성과 사랑을 쏟아붓고 있네요.

엄마, 아빠의 사랑을 듬뿍 받으며 무럭무럭 자라는 도아의 성격은 표정에서도 보이듯이 유하고 온순해서 많은 칭찬을 받습니다.

제 자랑 좀 할까요?

아들 둘을 키우면서 고함 지르며 혼내본 적이 없었어요. 아이들의 의사를 존중하고 하고 싶어 하는 것들에 대해 믿어주고 많이 칭찬해 줬어요.

엄마의 욕심대로 해야 할 때도 있잖아요. 그럴 땐 아이들이 이해할 수 있도록 설명을 해주고 생각해서 결정할 시간을 주고 기다렸습니다.

그리고는 아이들의 판단과 결정에 스스로 책임을 지게 했어요. 거짓말을 하지 않게 하기 위해 많은 대화를 했고요.

잘못한 일들도 들어주면서 스스로 반성할 수 있도록 하고 그럴 수도 있다고 공감하고 이해해 주면서 살갑게 사랑해 주었습니다.

사람으로서의 기본이 '인사하는 것'이라고 가르쳤습니다.

걸어가면서 '끄덕' 하는 건 인사가 아니니, 걸음을 멈추고 바로 서서 정중하게 고개 숙여 하는 게 인사라고 가르쳤어요.

엄마, 아빠가 처음이지만 책으로 배우고 유튜브 동영상으로 배우면서 최선을 다해 사는 모습이 감동입니다.

현대를 살아가는 우리들은 모두 다 바쁘잖아요.

가공식품이나 밀키트가 대세죠. 신속·간편하고 간단하게 먹을 수 있어서 참으로 좋긴 하지만요.

기본적인 식품군 5대 영양소 단백질, 탄수화물, 지방, 비타민, 당질식품 및 무기질식품은 결핍됨 없이 다 들어 있어요.

6대 영양소는 물입니다. 마시면 되고요.~

7대 영양소는 뭘까요?

조리기능사 필기 수업할 때 퀴즈로 많이 활용했었어요.

7대 영양소는 사랑입니다. 후다닥 급하고 바쁘게 먹는 인스턴트 가공식품에는 무조건 없는 결핍된 영양소입니다.

엄마가 만드는 음식에는 혀끝에서 느끼는 착착 달라붙는 맛있는 맛은 없어요.
짤 때도 있고, 싱거울 때도 있지만 변함없는 숭고한 맛, 평생 맘속에 남아 있는 그리운 맛이 있어요.
엄마의 맛은 누구도 따라할 수 없는 내 엄마만의 중독성 강한 손맛을 가지고 있어요.
세상에서 가장 좋은 엄마, 언제나 내 편인 엄마를 말 못 하는 아기들도 알고 있어요.
사랑을 듬뿍 담은 양념으로 생애 첫 음식을 경험하는 내 아이에게 평생 기억하는 그리움의 맛을 만들어 한 숟가락씩 시작하게 해주고 싶은 맘으로 썼답니다.

도아 할머니여서 너무 좋습니다.
제 아들들을 키우던 37년 전에도 저는 서툰 솜씨였지만 책으로 이유식을 배웠습니다.
계량하는 능력이 부족해서 많이 만들어 아파트 놀이터에서 노는 또래의 아이들에게 나눠주기도 했습니다.
○○엄마 덕분에 공짜로 아이 키운다며 좋아들 하셨던 기억이 새록새록 나네요.

할머니가 처음이라서 많이 설렙니다.
어쩌다 엄마가 되어 어려웠던 과거를 기억하며 만들었으니, 이 책이 초보 엄마들께 꼭 필요한 지침서가 되길 바랍니다.

결혼과 출산으로 공백기가 있었지만, 일하는 엄마로서의 자부심도 대단했습니다.
할머니의 보살핌으로 형제는 편찮으셨던 할아버지도 살필 줄 알고, 공경하는 맘을 스스로 익히고, 해야 할 일이 뭔지, 동생을 살필 줄도 알고 형아와 함께하는 우애도 키울 수 있었습니다.
욕심 부리지 않고 양보하며 배려할 줄 아는 의좋은 형제가 되었음에 감사할 뿐이죠.~

가정학을 전공하고 교수님의 추천으로 시내 요리학원에서 강사로 근무했던 것이 계기가 되어 평생 직업이 되었어요.
우리나라에 학교급식이 도입될 당시 대구시 종합복지관 급식조리 전임강사(대구시청 소속 5급

사무관급 1호봉, 공무원 대우)로 재직하고 있었을 때 10급 위생사(조리사 공무원시험 응시자) 추천서를 써주던 때의 사명감으로 지금까지 요리선생의 본분을 잊지 않고 있습니다. 음식에 관련하여 많은 공부를 했음에도 도태되지 않으려고 꾸준히 노력하고 연구하는 저를 관심 가지고 계속 지켜봐주세요.

세월의 무상함을 느낍니다. 어제같이 느껴지는 시간 속에서 저는 불철주야 속절없이 많은 일을 하면서 살아왔네요.

가까이에서 살펴주고 가르침을 주신 유영진 지도교수님, 유튜브 촬영에 적극 도움 주신 성기창 대표님, 동영상을 촬영하고 편집해 주신 김종인 작가님, 『대한민국 맛의 방주 향토편』 공저자 연구원님들, 연구원을 선뜻 동원해서 도와주시고 아기자기한 그릇들과 소품들, 그리고 세팅까지, 코디네이터를 자처해 주신 전효원 교수님, 티나지 않게 조용조용 열심히 도와준 조카 서동진이까지~
너무너무 감사드립니다. 고생 많으셨어요.
고되고 힘든 작업이었지만 이렇게 또 하나를 이룹니다.
토닥토닥, 쓰담쓰담. 요리선생 서경희 수고했다.

이담에 다시 태어난다면 지금보다 좀 더 근사한 요리선생으로 살고 싶습니다.

두서없는 긴 글에 제 삶의 일부를 담았습니다.
많은 격려와 채찍, 응원에 감사드립니다.
다가오는 겨울쯤 후속편 영유아식으로 곧 찾아뵙겠습니다.

마지막으로 어려운 출판 사정에도 불구하고 예쁘게 책을 만들어주신 백산출판사의 진욱상 대표님을 비롯하여 임직원 여러분께 지면으로나마 감사의 인사를 드립니다.

도아 할머니 서경희

차례

초기 이유식

초기 간식

중기 이유식

후기
이유식

완료기
이유식

초기 이유식	초기 이유식을 할 때에는 한 끼만 먹게 되므로, 일과 중 오전과 오후의 중간쯤 식사시간을 정해두는 것이 좋다.
중기 이유식	중기로 가서 두 끼를 먹이게 되면, 한 끼 정도는 어른들이 식사할 때 먹는 것을 연습하는 게 좋다. 오전 11~12시 사이에 한 번, 오후 5~6시 사이에 한 번 먹이는 게 좋다.
후기 이유식	후기로 가서 세 끼를 먹게 되면 어른들의 식사 분위기를 익히며 함께 먹을 수 있도록 아침, 점심, 저녁 시간을 맞추는 것이 좋다.
완료기 이유식	후기 이유식과 같이 어른들의 식시 시간과 맞추면 좋다.

퓌레와 매시 이해하기

퓌레 - 과일이나 삶은 채소를 으깨어 물을 조금만 넣고 걸쭉하게 만든 음식
매시 - 부드럽게 으깬 음식

퓌레는 매시보다 수분감이 있는 형태로 된 것이다. 수분감이 없는 간식은 부담이 될 수 있기 때문에 주로 삶은 형태로 물을 넣고 농도를 조절하는 퓌레 형태의 간식을 초기에 주고, 중기로 들어가면서 매시 형태로 주는 게 좋다.

퓌레는 보통 감자, 당근, 고구마 등을 삶아 만드는 게 일반적이며, 수분감을 더해주려 할 때는 오이나 과일을 섞어서 만들어주는 게 좋다.

시기별 재료량
확인하기

채소
초기 : 첫째 달 ; 5~10g / 둘째 달 ; 10~20g

중기 : 첫째 달 ; 20g / 둘째 달 ; 20~25g

후기 : 첫째 달 ; 25~30g / 둘째 달 ; 30~35g

완료기 : 첫째 달 ; 30~35g / 둘째 달 ; 40~50g

쌀(곡류, 한 끼 기준)
초기(불린 쌀) : 첫째 달 ; 15g / 둘째 달 ; 15~20g

중기(불린 쌀) : 첫째 달 ; 20g / 둘째 달 ; 30g

후기(진밥) : 첫째 달 ; 40g / 둘째 달 ; 50g

완료기(진밥) : 전체 ; 50~60g

육류(소고기 및 닭고기, 하루에 먹을 총량)
초기 : 첫째 달 ; 5g / 둘째 달 ; 5~10g

중기 : 첫째 달 ; 20g / 둘째 달 ; 20g

후기 : 첫째 달 ; 30~40g / 둘째 달 ; 40~50g

완료기 : 전체 ; 50g

간식(퓌레나 매시, 핑거푸드, 한 끼 기준)
초기 : 첫째 달, 둘째 달 ; 30~50g

중기 : 첫째 달, 둘째 달 ; 50~80g

후기 : 첫째 달, 둘째 달 ; 80~100g

완료기 : 전체 ; 100~120g

할머니가
만드는
도아 이유식

찹쌀미음

재료

불린 찹쌀 20g

찹쌀은 속을 따뜻하게
하고 설사를 멈추게
한다.
소변을 축적시키며 땀
을 수렴하고 해독작용
에 도움을 준다.

만들기

1 1시간 불린 후 체에 건져 물기를 뺀다.

2 절구에 넣고 곱게 찧는다.

3 냄비에 물 120ml를 붓고 끓으면 2를 넣고 약불에서 10분간 저어가며 끓인다.

4 뜨겁지 않게 식혀서 먹인다.

알 | 아 | 보 | 기

· 생애 첫 이유식이라서 소화를 좋게 하기 위하여 찹쌀로 미음을 쑨다.

· 묽은 농도로 식혀서 이유식 숟가락으로 떠서 먹인다.

· 아기 입안에 숟가락을 넣고 이유식을 삼키면 숟가락을 뺀다.

· 찹쌀미음으로 아기가 익숙하게 잘 먹으면 찹쌀+쌀=동량으로 해서 미음을 끓여 먹인다.

초기 이유식

쌀미음

쌀은 비장을 튼튼하게 하고 위를 편하게 하는 효능이 있으며 이질, 설사를 멈추게 한다.

재료

불린 쌀 20g

만들기

1   물기 뺀 쌀을 절구에 곱게 찧는다.

2   냄비에 물 120ml를 붓고 1을 섞은 다음 약불에서 저어가며 10분간 끓인다.

알 | 아 | 보 | 기

• 쌀은 성질이 평하여 누구에게나 맞는 식품이기 때문에 아기에게도 아무 자극 없이 쉽게 먹일 수 있다.

초기 이유식

감자미음

감자는 비위를 편하게
해주고 신체를 튼튼하
게 하며 신장을 돕고
해독소종, 소염작용을
한다.

재료

감자 1개, 쌀가루 10g

만들기

1 감자는 껍질째 씻어서 찜기에 찐다.

2 찐 감자는 껍질을 벗기고 30g만 잘게 다지듯 썰어서 절구에 넣고 찧는다.

3 냄비에 물 120g을 붓고 쌀가루를 풀고 약불에서 저어가며 10분간 익힌다.

4 3에 감자 으깬 것을 넣고 골고루 저어준다.

5 농도가 되직하면 물을 더 첨가하여 아기에게 맞는 농도로 맞춘 다음 식혀서 먹인다.

알 | 아 | 보 | 기

• 맛이나 향이 강하지 않은 것부터 이유식으로 만든다.

초기 이유식

연근죽

연근은 열을 버리고 지혈작용이 있으며 식욕 증진, 소화 촉진, 설사를 멈추게 한다.

재료

연근 50g, 쌀가루 10g

만들기

1 껍질 벗긴 연근은 김이 오른 찜기에 넣고 20분간 찐다.

2 찐 연근은 뜨거울 때 잘게 썰어 찧는다.

3 냄비에 물 150g을 붓고 쌀가루를 넣고 풀어가면서 약불에서 10분간 익힌다.

4 3에 찧은 연근을 넣고 골고루 섞어준다.

5 농도가 되직하면 물을 첨가하여 아기에게 맞는 농도로 맞추어 식혀서 먹인다.

알 | 아 | 보 | 기

• 찐 연근은 고구마나 감자와 비슷한 느낌의 맛이 난다.

• 전분 함량이 많고 부드러운 단맛이 있어서 이유식 식재료로 충분하다.

초기 이유식

고구마 미음

고구마는 장과 위의 유
동운동을 활발하게 하
며 신장의 정혈을 만들
어주고 변비 해소의 효
능이 있다.

재료

고구마 20g, 쌀가루 10g

만들기

1 고구마는 찜기에 찐다.

2 찐 고구마는 뜨거울 때 으깬다.

3 냄비에 물 150g을 붓고 쌀가루를 넣고 풀어준 다음 약불에서 저어가며 10분간 익힌다.

4 3에 고구마 으깬 것을 넣고 잘 섞어준다.

5 뜨겁지 않게 식혀서 먹인다.

초기 이유식

브로콜리 소고기 미음

브로콜리는 항암효과
와 감기 예방, 피부 건
강에 좋으며 소고기는
비위, 근골을 튼튼하게
한다.

재료

브로콜리 20g, 소고기 10g
불린 쌀 10g

만들기

1 브로콜리는 식초물에 10분 이상 담갔다가 서너 번 헹군 뒤 김이 오른 찜기에 3분간 찐다.

2 꽃송이 부분만 잘게 다진다.

3 소고기는 기름기 없는 안심으로 하여 입자가 없을 정도로 곱게 다진다.

4 불린 쌀은 물기를 뺀 뒤 절구에 넣고 곱게 찧는다.

5 물 150ml를 냄비에 붓고 3, 4를 넣고 약불에서 저어가며 10분간 끓인다.

6 5에 2를 넣고 골고루 섞어 농도가 생기면 불을 끈다.

7 입자가 크면 체에 걸러준다.

초기 이유식

양배추 소고기 미음

재료

양배추 20g, 소고기 10g
불린 쌀 15g

만들기

1 양배추는 식초물에 10분 이상 담갔다가 서너 번 헹군 뒤 김이 오른 찜기에 5분간 쪄서 잘게 썰어
   절구에 넣고 찧는다.

2 소고기는 기름기 없는 안심으로 하여 입자가 없을 정도로 곱게 다진다.

3 불린 쌀은 절구에 넣고 곱게 찧는다.

4 물 150ml를 냄비에 붓고 1, 2, 3을 넣고 약불에서 저어가며 10분간 끓인다.

5 농도가 생기면 불을 끈다.

6 입자가 크면 체에 걸러준다.

양배추 애호박 소고기 미음

애호박은 두뇌발달에
좋고, 면역력 증진에 좋
으며 소고기는 근골을
튼튼하게 해준다.

재료

양배추 10g, 애호박 10g
소고기 10g, 불린 쌀 15g

만들기

1 양배추는 식초물에 10분 이상 담갔다가 서너 번 헹군다.

2 김이 오른 찜기에 양배추, 애호박을 5분간 찐다.

3 2를 잘게 썰어서 절구에 넣고 찧는다.

4 소고기는 기름기 없는 안심으로 하여 입자가 없을 정도로 곱게 다진다.

5 불린 쌀은 물기를 뺀 뒤 절구에 넣고 곱게 찧는다.

6 물 150ml를 냄비에 붓고 3, 4, 5를 넣고 약불에서 저어가며 10분간 끓인다.

7 농도가 생기면 불을 끈다.

8 입자가 크면 체에 걸러준다.

초기 이유식

당근 소고기 미음

재료

당근 10g, 소고기 10g
불린 쌀 15g

만들기

1 김이 오른 찜기에 당근을 넣고 5분간 찐다.

2 찐 당근은 잘게 썰어서 절구에 넣고 찧는다.

3 소고기는 기름기 없는 안심으로 하여 입자가 없을 정도로 곱게 다진다.

4 불린 쌀은 절구에 넣고 곱게 찧는다.

5 물 150ml를 냄비에 붓고 2, 3, 4를 넣고 약불에서 저어가며 10분간 끓인다.

6 농도가 생기면 불을 끈다.

7 입자가 크면 체에 걸러준다.

초기 이유식

양파 소고기 미음

재료

양파 10g, 소고기 10g
불린 쌀 15g

만들기

1 양파는 잘게 다진다.

2 팬에 물 50ml를 넣고 약불에서 1의 양파를 넣고 5분간 저어가며 익힌다.

3 뜨거울 때 절구에 넣고 찧는다.

4 소고기는 기름기 없는 안심으로 하여 입자가 없을 정도로 곱게 다진다.

5 불린 쌀은 절구에 넣고 곱게 찧는다.

6 물 100ml를 냄비에 붓고 3, 4, 5를 넣고 약불에서 저어가며 10분간 끓인다.

초기 이유식

단호박 찹쌀미음

단호박은 천연 단맛이
강하고 부드럽다.
찹쌀은 설사를 멈추게
하고 소변을 축적시키
고 해독작용이 있다.

재료

단호박 15g
불린 찹쌀 10g + 불린 쌀 5g

만들기

1 단호박은 잘라서 씨와 껍질을 제거한 후 찜기에서 5분간 찐다.

2 뜨거울 때 절구에 넣고 찧는다.

3 불린 찹쌀과 쌀을 합해서 찧는다.

4 냄비에 물 150ml를 붓고 약불에서 3을 저어가며 10분간 끓인다.

5 4에 2를 넣고 약불에서 5분간 끓인다.

6 걸쭉한 농도로 맞춘다.

초기 이유식

애호박 소고기 미음

애호박은 두뇌발달에
좋고, 면역력 증진에
좋다.

재료

애호박 10g, 소고기 10g
불린 찹쌀 10g + 불린 쌀 5g

만들기

1 애호박은 끓는 물에 데친다.

2 소고기는 곱게 다져서 물 50ml를 붓고 약불에서 5분간 저어가며 익힌다.

3 믹서기에 1, 2와 불린 찹쌀 + 불린 쌀을 넣고 믹싱한다.

4 3을 냄비에 붓고 약불에서 저어가며 10분간 끓인다.

 알 | 아 | 보 | 기

• 믹서기가 없으면 절구를 이용해도 괜찮다.

초기 이유식

감자 연근 찰죽

재료

감자 10g, 연근 10g
불린 찹쌀 10g + 불린 쌀 5g

만들기

1 감자, 연근은 찜기에 10분간 찐다.

2 찐 감자, 연근은 뜨거울 때 으깬다.

3 불린 찹쌀 + 쌀을 절구에 넣고 찧는다.

4 물 150ml에 3을 넣고 약불에서 10분간 끓인다.

5 4에 2를 넣고 약불에서 3분간 저어가며 끓인다.

6 아기가 잘 먹는 농도로 맞춘다.

감자는 신체를 튼튼하게 하며 해독소종, 소염작용이 있다. 연근은 열을 버리고 지혈작용이 있다.
쌀은 위를 편하게 해주며 이질, 설사를 멈추게 한다.
찹쌀은 비장을 튼튼하게 해준다.

초기 이유식

고구마 부추 소고기죽

재료

고구마 10g, 부추 10g
불린 찹쌀 10g + 불린 쌀 5g

만들기

1 고구마는 찜기에 넣고 5분간 찐다.

2 뜨거울 때 으깬다.

3 소고기는 곱게 다진다.

4 절구에 찹쌀 + 쌀, 부추를 넣고 찧는다.

5 냄비에 물 150ml를 붓고 3, 4를 넣어 약불에서 10분간 저어가며 끓인다.

6 5에 2를 넣고 약불에서 저어가며 5분간 끓인다.

· 시간을 단축하기 위해 믹서기를 이용해도 괜찮다.

초기 이유식

고구마 옥수수죽

고구마는 장운동을 활
발하게 해서 변비를 해
소해 준다.
옥수수는 뇌를 튼튼하
게 한다.

재료

고구마 10g, 옥수수 10g
불린 찹쌀 10g + 불린 쌀 5g

만들기

1 고구마는 찜기에 넣고 5분간 찐다.

2 찐 고구마는 뜨거울 때 으깬다.

3 절구에 옥수수를 넣고 찧다가 찹쌀 + 쌀을 넣고 곱게 찧는다.

4 냄비에 물 150ml를 붓고 3을 넣어 약불에서 10분간 저어가며 끓인다.

5 걸쭉해지면 2를 넣고 약불에서 3분간 저어가며 끓인다.

6 옥수수 입자가 굵으면 체에 거른다.

초기 이유식

연근 완두콩 소고기죽

재료

연근 10g, 완두콩 10g
불린 찹쌀 10g + 불린 쌀 5g

만들기

1 연근과 완두콩은 김이 오른 찜기에 5분간 찐다.

2 쪄진 연근과 완두콩은 뜨거울 때 으깬다.

3 소고기는 입자가 없을 정도로 곱게 다진다.

4 불린 찹쌀 10g + 불린 쌀 5g은 절구에 넣고 찧는다.

5 냄비에 150ml의 물을 부은 뒤 3, 4를 넣고 약불에서 10분간 저어가며 끓인다.

6 5에 2를 넣고 약불에서 3분간 저어가며 끓인다.

알 | 아 | 보 | 기

• 연근, 우엉, 콩, 옥수수 등은 섬유질이 단단하기 때문에 믹서기를 이용해도 괜찮다.

초기 이유식

우엉 감자 소고기죽

우엉은 인후종 통이나 종기에 효과가 있고 기침을 멈추게 하며 가려움증을 치료한다. 감자는 신체를 튼튼하게 하며 신장을 돕고 해독소종, 소염작용이 있다.

재료

우엉 30g, 감자 10g
소고기 10g, 불린 찹쌀 10g + 불린 쌀 5g

만들기

1 물 500ml에 우엉을 넣고 끓인다.

2 감자는 김이 오른 찜기에 넣고 5분간 찐다.

3 찐 감자는 뜨거울 때 으깬다.

4 불린 찹쌀 + 불린 쌀을 절구에 넣고 찧는다.

5 소고기는 입자가 없을 정도로 곱게 다진다.

6 1의 끓인 물 150ml를 냄비에 붓고 4, 5를 넣어 약불에서 10분간 저어가며 끓인다.

7 6에 2를 넣고 약불에서 3분간 끓인다.

알 | 아 | 보 | 기

• 삶은 우엉은 식감이 질겨지므로 믹서기에 갈아서 사용해도 괜찮다.

초기 이유식

감자 브로콜리 소고기죽

감자는 신체를 튼튼하게 하고 해독소종, 소염작용을 도와준다.
브로콜리는 감기예방과 피부건강에 도움을 준다.
소고기는 근골을 튼튼하게 한다.

재료

감자 10g, 브로콜리 10g
소고기 10g, 불린 찹쌀 10g + 불린 쌀 5g

만들기

1 감자, 브로콜리는 김이 오른 찜기에 5분간 찐다.

2 찐 감자는 뜨거울 때 으깬다.

3 찐 브로콜리는 꽃송이 부분만 다진다.

4 소고기는 입자가 없을 정도로 곱게 다진다.

5 불린 찹쌀 + 불린 쌀을 절구에 넣고 찧는다.

6 냄비에 150ml의 물을 붓고 4, 5를 넣고 약불에서 저어가며 10분간 끓인다.

7 6에 2를 넣고 약불에서 3분간 저어가며 끓인다.

초기 이유식

애호박 연두부 소고기죽

애호박은 두뇌발달과
면역력 증진에 도움을
준다.
연두부는 소화흡수와
장운동에 큰 도움을
준다.
소고기는 근골을 튼튼
하게 해준다.

재료

애호박 10g, 소고기 10g
연두부 10g, 불린 찹쌀 10g + 불린 쌀 5g

만들기

1 냄비에 물 150ml를 붓고 끓으면 애호박을 데친다.

2 데친 애호박은 뜨거울 때 으깬다.

3 소고기는 입자가 없을 정도로 곱게 다진다.

4 절구에 불린 찹쌀 10g + 불린 쌀 5g을 넣고 찧는다.

5 1의 애호박 데친 물에 3, 4를 넣고 약불에서 10분간 저어가며 끓인다.

6 5에 2와 연두부를 넣고 약불에서 3분간 저어가며 끓인다.

초기 이유식

야채죽

당근은 보혈작용으로
눈을 밝게 하고 해독작
용을 도와준다.
양파는 항암작용, 애호
박은 두뇌발달과 면역
력 증진에 효과가 있다.

재료

당근 10g, 양파 10g, 애호박 10g
불린 찹쌀 10g + 불린 쌀 5g
표고버섯 우린 물 150ml

만들기

1 당근은 0.3×0.3cm로 곱게 다진다.

2 양파는 0.3×0.3cm로 곱게 다진다.

3 애호박은 0.3×0.3cm로 곱게 다진다.

4 김이 오른 찜기에 당근, 양파, 애호박을 각각 그릇에 담고 8분간 찐다.

5 절구에 불린 찹쌀 10g + 불린 쌀 5g을 넣고 찧는다.

6 냄비에 표고버섯 우린 물을 붓고 5를 약불에서 10분간 끓인다.

7 흰 찰죽을 그릇에 담고 당근, 양파, 애호박을 토핑한다.

 알 | 아 | 보 | 기

• 쪄낸 채소들을 골고루 섞어서 죽을 완성해도 좋지만 각각의 채소 맛을 경험하게 해주기 위함
이다.

초기 이유식

할머니가
만드는
도아 이유식

감자 퓌레

감자는 신체를 튼튼하게 하고 신장을 도우며 해독소종, 소염작용이 있다.

재료

감자 1개

만들기

1 감자는 김이 오른 찜기에 넣고 15분간 찐다.

2 찐 감자는 강판에 간다.

3 2를 냄비에 넣고 물 120ml를 붓고 3분간 저어가며 약불에서 끓인다.

・ 퓌레 : 수분 함량이 적어서 부드럽게 걸쭉한 농도를 말한다.

초기 간식

단호박 퓌레

재료

단호박 50g

만들기

1 단호박은 김이 오른 찜기에 넣고 15분간 찐다.

2 찐 단호박은 강판에 간다.

3 2를 냄비에 넣고 물 120ml를 붓고 3분간 저어가며 약불에서 끓인다.

초기 간식

사과 퓌레

사과는 폐를 윤택하게
하고 갈증과 번열을 제
거하며 소화를 돕고 설
사를 멈추게 한다.

재료

사과 1개

만들기

1   사과는 껍질째 강판에 간다.

2   냄비에 1을 넣고 물 100ml를 붓고 약불에서 5분간 끓인다.

바나나 퓌레

바나나는 열을 내리고
변을 잘 통하게 하고
폐를 윤택하게 한다.

재료

바나나 1개

만들기

1 바나나는 껍질을 벗기고 강판에 간다.

2 냄비에 1을 넣고 물 100ml를 붓고 약불에서 5분간 끓인다.

초기 간식

배 퓌레

배는 열과 화를 버리고
폐를 윤택하게 하며 가
래를 없애고 기침을 멈
추게 하고 건조한 것을
없애준다.

재료

배 1개

만들기

1   배는 껍질을 벗기고 강판에 간다.

2   냄비에 1을 넣고 물 50ml를 붓고 약불에서 5분간 끓인다.

자두 퓌레

자두는 열을 내리고
갈증을 멈추게 한다.

재료

자두 3개

만들기

1 자두는 껍질째 강판에 간다.

2 냄비에 1을 넣고 물 50ml를 붓고 약불에서 5분간 끓인다.

초기 간식

고구마 퀴레

고구마는 장과 위의 유
동운동을 활발하게 하
고 신장의 정혈을 만들
어주어 변비를 해소해
준다.

재료

고구마 100g

만들기

1 고구마는 김이 오른 찜기에 10분간 찐다.

2 1을 강판에 간다.

3 2를 냄비에 넣고 물 100ml를 붓고 약불에서 저어가며 3분간 끓인다.

초기 간식

감자, 양배추 퓌레

재료

감자 1개, 양배추 50g

감자는 신체를 튼튼하게 하고 신장을 이롭게 하고 해독소종, 소염작용을 한다.
양배추는 습열을 제거하고 신장을 보하며 근골을 강하게 한다.

만들기

1   감자, 양배추는 김이 오른 찜기에 넣고 10분간 찐다.

2   찐 감자는 강판에 갈고, 양배추는 절구에 넣고 찧는다.

3   냄비에 2를 넣고 물 150ml를 붓고 약불에서 5분간 저어가며 끓인다.

초기 간식

비타민 밤 퓌레

비타민(다채)은 카로틴
이 많아 눈 건강에 매
우 좋다.
밤은 신장을 보하고 근
육을 튼튼하게 한다.

재료

비타민 1줄기, 밤 5알

만들기

1 비타민, 깐 밤은 김이 오른 찜기에 찐다.

2 찐 밤은 뜨거울 때 절구에 넣고 찧는다.

3 찐 비타민은 잘게 다진다.

4 냄비에 2, 3을 넣고 물 100ml를 붓고 약불에서 저어가며 5분간 끓인다.

초기 간식

할머니가
만드는
도아 이유식

잣죽

불로장생, 뇌기능 향상,
집중력, 기억력 향상에
도움이 된다.

재료

잣 30g, 불린 쌀 30g

만들기

1   잣은 키친타월을 깔고 깨끗이 닦으면서 꼭지부분도 제거한다.

2   물 100ml에 잣을 넣고 믹서기에 1분간 갈아준다.

3   2를 냄비에 붓고 약불에서 끓으면 쌀을 넣고 약불에서 10분간 저어가며 끓인다.

갈치살죽

갈치는 허약 체질을 보하고 기운을 강하게 하며 간을 튼튼하게 하고 해독, 지혈작용이 있다.

재료

갈치 한 토막, 불린 찹쌀 10g + 불린 쌀 5g
표고버섯 우린 물 150ml

만들기

1 갈치는 김이 오른 찜기에 10분간 찐다.

2 찐 갈치는 가시를 발라낸다.

3 절구에 불린 찹쌀 10g + 불린 쌀 5g을 넣고 찧는다.

4 표고버섯 우린 물 150ml를 붓고 2, 3을 넣어 약불에서 10분간 끓인다.

알 | 아 | 보 | 기

• 갈치의 비린내를 없애기 위하여 표고버섯 우린 물을 사용한다.
• 아이의 먹는 반응에 따라 묽거나 되직하게 농도를 조절한다.

중기 이유식

밤죽

밤은 기운을 만들어 신 장을 보하며 근육을 튼 튼하게 한다.

재료

깐 밤 10알
불린 찹쌀 10g + 불린 쌀 5g

만들기

1 밤은 김이 오른 찜기에 10분간 찐다.

2 찐 밤은 절구에 넣고 찧는다.

3 절구에 불린 찹쌀 10g + 불린 쌀 5g을 넣고 찧는다.

4 냄비에 물 150ml를 붓고 3을 넣고 약불에서 저어가며 10분간 끓인다.

5 4에 2를 넣고 저어가며 약불에서 5분간 끓인다.

중기 이유식

찹쌀 비타민죽

재료

비타민 한 줄기
불린 찹쌀 10g + 불린 쌀 5g

만들기

1 비타민은 깨끗이 씻어서 끓는 물에 1분간 데친다.

2 데친 비타민은 다지듯 잘게 썬다.

3 절구에 불린 찹쌀 10g + 불린 쌀 5g을 넣고 찧는다.

4 냄비에 1의 비타민 데친 물 150ml를 붓고 3을 넣고 약불에서 저어가며 10분간 끓인다.

5 4에 2를 넣고 저어가며 약불에서 5분간 끓인다.

중기 이유식

당근 브로콜리 소고기죽

당근은 보혈작용이 있어 눈을 밝게 하고 기침을 멈추게 한다.
브로콜리는 감기 예방과 피부 건강에 도움을 준다.
소고기는 근골을 튼튼하게 한다.

재료

당근 10g, 브로콜리 10g
소고기 10g, 불린 찹쌀 10g + 불린 쌀 5g

만들기

1 당근, 브로콜리는 김이 오른 찜기에 10분간 찐다.

2 쪄낸 당근, 브로콜리는 곱게 다진다.

3 소고기는 덩어리째 200ml의 물을 붓고 중불에서 20분간 삶는다.

4 삶은 소고기는 곱게 다진다.

5 절구에 불린 찹쌀 10g + 불린 쌀 5g을 넣고 찧는다.

6 냄비에 소고기 삶은 물 150ml를 붓고 5를 넣어 약불에서 저어가며 10분간 끓인다.

7 6에 2, 4를 넣고 저어가며 약불에서 5분간 끓인다.

중기 이유식

당근 애호박 소고기죽

재료

당근 10g, 애호박 10g
소고기 10g, 불린 찹쌀 10g + 불린 쌀 5g

만들기

1 당근, 애호박은 김이 오른 찜기에 10분간 찐다.

2 쪄진 당근, 애호박은 다지듯 잘게 썬다.

3 절구에 불린 찹쌀 10g + 불린 쌀 5g을 넣고 찧는다.

4 소고기는 물 200ml를 붓고 덩어리째 삶아낸다.

5 삶아낸 고기는 입자가 없을 정도로 곱게 다진다.

6 냄비에 소고기 삶은 물 150ml를 붓고 3을 넣어 약불에서 저어가며 10분간 끓인다.

7 6에 2, 5를 넣고 약불에서 저어가며 5분간 끓인다.

중기 이유식

당근 완두콩 소고기죽

재료

당근 10g, 완두콩 10g
소고기 10g, 불린 찹쌀 10g + 불린 쌀 5g

만들기

1 당근, 완두콩은 김이 오른 찜기에 10분간 찐다.

2 쪄낸 당근, 완두콩은 절구에 넣고 찧는다.

3 소고기는 물 200ml를 붓고 덩어리째 삶아낸다.

4 삶아낸 고기는 입자가 없을 정도로 곱게 다진다.

5 절구에 불린 찹쌀 10g + 불린 쌀 5g을 넣고 찧는다.

6 냄비에 고기 삶은 물 150ml를 붓고 5를 넣어 약불에서 저어가며 10분간 끓인다.

7 6에 2, 4를 넣고 약불에서 5분간 저어가며 끓인다.

당근은 보혈작용이 있
어 눈을 밝게 해주고
가래를 없애고 열을
내려준다.
완두콩은 산모의 젖을
잘 나오게 하고 이수작
용과 해독작용이 있다.
소고기는 근골을 튼튼
하게 한다.

중기 이유식

애호박 양파 소고기죽

애호박은 두뇌발달과
면역력 증진에 좋다.
양파는 해독 살충작용
이 있다.
소고기는 근골을 튼튼하
게 해준다.

재료

애호박 10g, 양파 10g
소고기 10g, 불린 찹쌀 10g + 불린 쌀 5g

만들기

1 애호박, 양파는 김이 오른 찜기에 10분간 찐다.

2 쪄낸 애호박, 양파는 다지듯 잘게 썬다.

3 소고기는 물 200ml를 붓고 덩어리째 삶아낸다.

4 삶아낸 고기는 입자가 없을 정도로 곱게 다진다.

5 절구에 불린 찹쌀 10g + 불린 쌀 5g을 넣고 찧는다.

6 냄비에 고기 삶은 물 150ml를 붓고 5를 넣고 약불에서 저어가며 10분간 끓인다.

7 6에 2, 4를 넣고 약불에서 5분간 저어가며 끓인다.

중기 이유식

단호박 소고기죽

단호박은 기운이 나게 하며 부기를 가라앉히 고 해독작용이 있다. 소고기는 근골을 튼튼 하게 한다.

재료

단호박 10g, 소고기 10g
불린 찹쌀 10g + 불린 쌀 5g

만들기

1 단호박은 김이 오른 찜기에 넣고 10분간 찐다.

2 쪄낸 단호박은 절구에 넣고 찧는다.

3 소고기는 물 200ml를 붓고 덩어리째 삶아낸다.

4 삶아낸 고기는 입자가 없을 정도로 곱게 다진다.

5 절구에 불린 찹쌀 10g + 불린 쌀 5g을 넣고 찧는다.

6 냄비에 고기 삶은 물 150ml를 붓고 5를 넣어 약불에서 저어가며 10분간 끓인다.

7 6에 2, 4를 넣고 약불에서 저어가며 5분간 끓인다.

중기 이유식

단호박 양배추죽

단호박은 색도 예쁘고
단맛이 있어서 아기들
이 잘 먹을 수 있다.

재료

단호박 10g, 양배추 10g
불린 찹쌀 10g + 불린 쌀 5g

만들기

1 단호박, 양배추는 김이 오른 찜기에 10분간 찐다.

2 쪄낸 단호박, 양배추는 절구에 넣고 찧는다.

3 절구에 불린 찹쌀 10g + 불린 쌀 5g을 넣고 찧는다.

4 냄비에 물 150ml를 붓고 3을 넣어 약불에서 저어가며 10분간 끓인다.

5 4에 2를 넣고 약불에서 5분간 저어가며 끓인다.

중기 이유식

시금치, 고구마죽

시금치는 비타민, 철분, 식이섬유가 풍부하여 남녀노소 모두에게 유익한 식재료이다. 고구마는 장운동을 활발히 하여 변비 해소에 좋다.

재료

시금치 1줄기, 고구마 10g
불린 찹쌀 10g + 불린 쌀 5g

만들기

1 고구마는 김이 오른 찜기에 10분간 찐다.

2 쪄낸 고구마는 뜨거울 때 절구에 넣고 찧는다.

3 냄비에 물 200ml를 붓고 시금치를 데친다.

4 데친 시금치는 다지듯 잘게 썬다.

5 불린 찹쌀 10g + 불린 쌀 5g을 절구에 넣고 찧는다.

6 냄비에 시금치 데친 물 150ml를 붓고 5를 넣어 약불에서 저어가며 10분간 끓인다.

7 6에 2, 4를 넣고 약불에서 5분간 저어가며 끓인다.

중기 이유식

양배추 닭고기죽

재료

양배추 10g, 닭 안심살 20g
불린 찹쌀 10g + 불린 쌀 5g

만들기

1 물 100g을 믹서기에 넣고 양배추, 닭고기를 넣고 드르럭 드르럭 두세 번 믹싱한다.

2 1에 불린 찹쌀 10g + 불린 쌀 5g을 넣고 드르럭 드르럭 두세 번 믹싱한다.

3 냄비에 물 100ml를 붓고 2를 넣어 약불에서 저어가며 15분간 끓인다.

4 아기가 잘 먹는 농도로 맞춘다.

중기 이유식

옥수수 소고기죽

재료

옥수수 10g, 소고기 10g
불린 쌀 15g

옥수수는 소변을 잘 통하게 하고 정신을 안정시키며 뇌를 튼튼하게 한다.
소고기는 근골을 튼튼하게 한다.

만들기

1 물 100ml를 믹서기에 붓고 소고기 → 옥수수 → 불린 쌀 순서로 믹싱을 한다.

2 냄비에 물 100ml를 붓고 2를 넣어 약불에서 저어가며 15분간 끓인다.

중기 이유식

옥수수 브로콜리죽

옥수수는 소변을 잘 통하게 하고 정신을 안정시키며 뇌를 튼튼하게 한다.
브로콜리는 감기 예방과 피부 건강에 도움을 준다.

재료

옥수수 10g, 브로콜리 10g
불린 쌀 15g

만들기

1 옥수수, 브로콜리는 끓는 물에 3분간 데친다.

2 1의 데친 물 100ml를 믹서기에 붓고 옥수수, 브로콜리, 불린 쌀을 넣고 1분간 믹싱한다.

3 냄비에 물 100ml를 붓고 2를 넣어 약불에서 저어가며 15분간 끓인다.

중기 이유식

옥수수 달걀 소고기죽

재료

옥수수 10g, 달걀 노른자 1개
소고기 10g, 불린 쌀 15g

만들기

1 소고기는 물 200ml를 붓고 덩어리째 삶는다.

2 믹서기에 소고기 삶은 물, 소고기, 옥수수, 쌀을 넣고 30초간 믹싱한다.

3 냄비에 2를 붓고 약불에서 저어가며 15분간 끓인다.

4 3에 노른자를 넣고 골고루 섞은 다음 약불에서 2분간 끓인다.

옥수수는 위를 튼튼하게 하며 부기를 가라앉히고 소변을 잘 통하게 한다.
달걀은 빈혈을 예방하고 면역력을 높여준다.
소고기는 근골을 튼튼하게 한다.

알 아 보 기

· 소고기 삶은 물은 육수로 사용한다.
· 삶은 소고기는 다지듯이 잘게 썰어서 믹싱한다.

중기 이유식

두부 소고기죽

재료

두부 10g, 소고기 10g
불린 쌀 15g

만들기

1 소고기는 물 200ml를 붓고 덩어리째 삶는다.

2 믹서기에 소고기 삶은 물을 붓고 소고기, 두부, 쌀을 넣고 30초간 믹싱한다.

3 냄비에 2를 넣고 약불에서 저어가며 15분간 끓인다.

양파 단호박 소고기죽

양파는 기름 두른 팬에
볶으면 단맛이 강해진다.

재료

양파 10g, 단호박 10g
소고기 10g, 불린 쌀 15g

만들기

1 소고기는 물 200ml를 붓고 덩어리째 삶는다.

2 믹서기에 소고기 삶은 물을 붓고 소고기, 단호박, 쌀을 넣고 30초간 믹싱한다.

3 냄비에 2를 넣어 약불에서 저어가며 15분간 끓인다.

중기 이유식

부추 당근 고구마 소고기죽

부추는 기운을 돌게 한다.
당근은 눈을 밝게 하며
기침을 멈추게 하고 열
을 내려준다.
고구마는 변비 해소에
도움을 준다.
소고기는 근골을 튼튼
하게 해준다.

재료

부추 10g, 당근 10g, 고구마 10g
소고기 10g, 불린 쌀 15g

만들기

1   소고기는 물 200ml를 붓고 덩어리째 삶는다.

2   삶은 소고기, 당근, 고구마는 잘게 썰고 부추는 2cm로 썬다.

3   믹서기에 소고기 삶은 물을 붓고 2와 쌀을 넣고 30초간 믹싱한다.

4   냄비에 2를 넣고 약불에서 저어가며 15분간 끓인다.

중기 이유식

부추 양파 닭고기죽

부추는 기운을 잘 통하
게 한다.
닭고기는 허약한 몸을
보하며 근골을 튼튼하
게 한다.

재료

부추 10g, 양파 10g
닭 안심 10g, 불린 찹쌀 15g

만들기

1 닭고기는 잘게 썬다.

2 양파는 잘게 썰고 부추는 2cm로 썬다.

3 믹서기에 물 100ml를 붓고 1, 2와 쌀을 넣고 30초간 믹싱한다.

4 냄비에 물 100ml를 붓고 3을 넣어 약불에서 저어가며 15분간 끓인다.

양송이버섯 닭고기죽

양송이버섯은 단백질
함량이 매우 높다.
닭고기는 허약한 몸을
보하며 근골을 튼튼하
게 한다.

재료

양송이 2개, 닭안심 20g
불린 쌀 15g

만들기

1 양송이는 껍질을 벗긴 후 잘게 다진다.

2 닭안심은 잘게 다진다.

3 믹서기에 물 100ml를 붓고 1, 2와 쌀을 넣고 30초간 믹싱한다.

4 냄비에 물 100ml를 붓고 3을 넣어 약불에서 저어가며 15분간 끓인다.

중기 이유식

밤 소고기죽

밤은 신장을 보하고 근
육을 튼튼하게 한다.
소고기는 근골을 튼튼
하게 해준다.

재료

깐 밤 5알, 소고기 10g
불린 쌀 5g

만들기

1 소고기는 물 200ml를 붓고 덩어리째 삶는다.

2 삶은 소고기는 다지듯 잘게 썬다.

3 믹서기에 소고기 삶은 물을 붓고 잘게 썬 소고기, 밤, 쌀을 넣고 30초간 믹싱한다.

4 3을 냄비에 붓고 약불에서 저어가며 15분간 끓인다.

연근 부추 소고기죽

연근은 열을 내리고 혈을 식히고 지혈작용이 있다.
부추는 기운을 잘 통하게 한다.
소고기는 근골을 튼튼하게 한다.

재료

연근 10g, 부추 10g
소고기 10g, 불린 쌀 15g

만들기

1 연근은 깨끗이 씻어서 잘게 썬다.

2 부추는 2cm 길이로 썬다.

3 소고기는 물 200ml를 붓고 덩어리째 삶는다.

4 삶은 소고기는 잘게 썬다.

5 믹서기에 소고기 삶은 물을 붓고 1, 2, 3과 쌀을 넣고 30초간 믹싱한다.

6 냄비에 5를 넣고 약불에서 저어가며 15분간 끓인다.

중기 이유식

두부 시금치죽

재료

두부 15g, 시금치 1줄기
불린 쌀 15g

만들기

1 물 200ml를 냄비에 붓고 끓으면 시금치를 데친다.

2 데친 시금치는 잘게 썬다.

3 시금치 데친 물을 믹서기에 넣고 2와 두부, 쌀을 넣고 30초간 믹싱한다.

4 3을 냄비에 붓고 약불에서 저어가며 15분간 끓인다.

파프리카 고구마 소고기죽

파프리카는 면역력 향상에 좋고 빈혈 예방, 눈 건강에도 좋은 영향을 준다.
고구마는 변비 해소에 도움을 준다.
소고기는 근골을 튼튼하게 한다.

재료

파프리카 10g, 고구마 10g
소고기 10g, 불린 쌀 20g

만들기

1 고구마는 김이 오른 찜기에 넣고 10분간 찐다.

2 찐 고구마는 뜨거울 때 으깬다.

3 파프리카는 잘게 다진다.

4 불린 쌀은 절구에 넣고 곱게 찧는다.

5 소고기는 200ml의 물을 냄비에 붓고 중불에서 10분간 삶아낸다.

6 삶아낸 소고기는 입자가 없을 정도로 다진다.

7 소고기 삶은 육수를 냄비에 붓고 4, 6, 3, 2를 넣고 약불에서 15분간 저어가며 끓인다.

고구마 매시

고구마는 장과 위의 유
동운동을 활발하게 하
여 변비 해소에 도움을
준다.

재료

고구마 30g, 물 30ml

만들기

1 고구마는 김이 오른 찜기에 10분간 찐다.

2 찐 고구마는 뜨거울 때 으깬다.

3 냄비에 물을 넣고 2를 넣어 섞은 다음 약한 불에서 주걱으로 저으며 농도를 맞춘다.

알 | 아 | 보 | 기

• 매시 : 퓌레보다 수분감이 없고 되직한 상태

고구마 사과 매시

고구마는 변비 해소에
도움을 준다.
사과는 폐를 윤택하게
하고 갈증과 번열을 제
거하며, 소화를 돕고 설
사를 멈추게 한다.

재료

고구마 30g, 사과 20g

만들기

1 고구마는 김이 오른 찜기에 10분간 찐다.

2 찐 고구마는 뜨거울 때 으깬다.

3 사과는 강판에 간다,

4 3을 냄비에 넣고 약한 불로 젓다가 2의 고구마를 섞어준다.

중기 이유식

감자 오이 노른자 매시

재료

오이 20g, 감자 20g
달걀 1개

만들기

1 단호박은 김이 오른 찜기에 넣고 10분간 찐다.

2 찐 단호박은 껍질을 벗기고 뜨거울 때 으깬다.

3 오이는 강판에 간다.

4 삶은 달걀은 노른자만 으깬다.

5 냄비에 3을 넣고 약불에서 저은 다음 2와 4를 넣고 농도를 맞춘다.

감자는 신체를 튼튼하게 하며 신장을 돕고 해독소종, 소염작용이 있다.
오이는 열을 식히고 갈증을 해소하는 데 좋다.
달걀의 노른자는 소화를 돕는 효과가 있다.

감자 당근 매시

재료

감자 20g, 당근 20g
물 30ml

만들기

1 감자, 당근은 김이 오른 찜기에 10분간 찐다.

2 찐 감자, 당근은 뜨거울 때 곱게 으깬다.

감자는 신체를 튼튼하
게 하며 신장을 돕고
해독소종, 소염작용이
있다.
당근은 눈을 밝게 하고
기침을 멈추게 하며 열
을 내리고 해독작용이
있다.

알 아 보 기

• 찐 감자, 당근은 강판에 갈아도 된다.
• 이유식 먹는 아이의 상태에 따라 당근, 감자 간 것을 골고루 섞어서 먹여도 된다.

중기 이유식

감자 옥수수 매시

재료

감자 30g, 옥수수 20g
물 30ml

만들기

1 감자, 옥수수는 김이 오른 찜기에 10분간 찐다.

2 찐 감자, 옥수수는 뜨거울 때 곱게 으깬다.

3 골고루 섞는다.

감자는 신체를 튼튼하
게 하며 신장을 돕고
해독소종, 소염작용이
있다.
옥수수는 단백질 함량
이 높은 식품과 함께
섭취하면 영양이 보완
된다.

• 옥수수는 물을 약간 넣고 믹싱해도 된다.

바나나 사과 매시

재료

바나나 30g, 사과 30g

바나나는 열을 버리고 변을 잘 통하게 한다. 사과는 폐를 윤택하게 하며 갈증과 번열을 제거하고 소화를 돕고 설사를 멈추게 한다.

만들기

1 바나나, 사과는 강판에 간다.

2 1을 냄비에 넣고 저어가며 약불에서 조린다.

중기 이유식

단호박 바나나 사과 매시

재료

단호박 20g, 바나나 20g
사과 20g

만들기

1 단호박은 김이 오른 찜기에 넣고 10분간 찐다.

2 찐 단호박은 뜨거울 때 으깬다.

3 사과는 강판에 간다.

4 바나나는 강판에 간다.

5 볼에 2, 3, 4를 넣고 골고루 섞는다.

단호박은 기운을 버게
한다.
바나나는 열을 버리고
변을 잘 통하게 한다.
사과는 폐를 윤택하게
하고 갈증과 번열을 제
거하고 소화를 돕고 설
사를 멈추게 한다.

알 | 아 | 보 | 기

• 둥글게, 또는 스틱 모양으로 만들어도 괜찮다.

중기 이유식

강낭콩 브로콜리 매시

재료

강낭콩 30g, 브로콜리 20g

강낭콩은 아이들의 성
장발육에 도움이 되며
치아나 골격 형성에 도
움을 준다.
브로콜리는 감기 예방
과 피부 건강에 도움을
준다.

만들기

1   강낭콩은 5시간 이상 불린 다음 푹 퍼지도록 약불에서 20분간 삶는다.

2   삶아낸 강낭콩은 뜨거울 때 으깬다.

3   김이 오른 찜기에 브로콜리를 넣고 5분간 찐다.

4   쪄낸 브로콜리는 꽃송이 부분만 곱게 다진다.

5   볼에 2, 3을 넣고 골고루 섞는다.

중기 이유식

단호박 두부 매시

재료

단호박 30g, 두부 20g

만들기

1 단호박, 두부는 김이 오른 찜기에 10분간 찐다.

2 볼에 담고 뜨거울 때 골고루 으깬다.

단호박은 기운을 내게 한다.
두부는 단백질 식품으로 기운을 도와주는 효과가 있다.

두부 브로콜리 매시

두부는 단백질 식품으로 기운을 도와준다. 브로콜리는 감기 예방과 피부 건강에 도움을 준다.

재료

두부 20g, 브로콜리 20g

만들기

1 브로콜리, 두부는 끓는 물에 데친다.

2 데친 두부는 물기를 짠 뒤 으깬다.

3 데친 브로콜리는 꽃송이 부분만 잘게 다진다.

4 볼에 2, 3을 넣고 손으로 조물조물 무치듯 섞는다.

중기 이유식

딸기푸딩

딸기는 열을 내리고
갈증을 멈추게 하며 인
후를 잘 통하게 하고
폐를 윤택하게 한다.

재료

딸기 100g, 한천 20g

만들기

1 딸기는 물에 식초 한 방울을 넣고 씻은 후 물기를 빼고 꼭지를 제거한다.

2 1의 딸기를 갈아준다.

3 냄비에 물 20ml를 넣고 한천 20g을 녹인다.

4 3에 2를 넣고 약불에서 저어가며 서서히 응고되도록 끓인다.

5 용기에 부어서 굳힌다.

알 | 아 | 보 | 기

• 한천은 식물성으로 우뭇가사리를 말려서 가루로 만든 것이며 젤라틴은 동물성으로 동물의 뼈
나 가죽에서 채취한 것이다.

중기 이유식

단호박푸딩

단호박은 남녀노소 모 두에게 좋은 영양성분 이 들어 있다.

재료

단호박 50g, 한천 20g
물 50ml

만들기

1 단호박은 김이 오른 찜기에 10분간 찐다.

2 찐 단호박은 뜨거울 때 으깬다.

3 물 50ml에 한천을 넣고 풀어준다.

4 냄비에 단호박, 한천을 넣고 약불에서 저어가며 응고되도록 끓인다.

5 용기에 부어서 굳힌다.

알 아 보 기

• 아기의 기호를 살핀 후 농도를 조절한다.

• 더 묽게 할 수도 있고 되직하게 할 수도 있다.

중기 이유식

자두푸딩

자두는 장 운동을 활발하게 하고 변비 예방, 뼈 성장에 도움이 된다.

재료

자두 5개, 한천 50g

만들기

1 자두는 씻어서 씨를 빼고 물 30ml를 넣고 믹서기에 간다.

2 물 50ml에 한천을 녹인다.

3 1에 2를 섞어서 냄비에 붓고 약불에서 5분간 저어가며 끓인 후 틀에 담아 차게 식힌다.

바나나 연두부푸딩

바나나는 열을 내리고
변을 잘 통하게 해준다.
연두부는 소화흡수와
장운동을 활발하게 해
준다.

재료

연두부 50g, 바나나 50g
한천 20g

만들기

1 바나나는 강판에 간다.

2 냄비에 연두부, 바나나 간 것, 한천을 섞고 약한 불에서 저어가며 서서히 농도가 생기도록 끓인다.

3 용기에 담아 굳힌다.

감자 브로콜리 닭고기수프

수프의 농도는 점성이
있어서 걸쭉하다.

재료

감자 20g, 브로콜리 20g
양파 20g, 닭안심 20g, 분유 20g

만들기

1 감자, 양파는 잘게 다진다.

2 냄비에 물 200ml를 붓고 닭고기와 1, 브로콜리를 같이 삶는다.

3 삶은 닭고기는 잘게 다진다.

4 삶은 감자, 양파는 으깬다.

5 삶은 브로콜리는 꽃송이만 다진다.

6 2의 국물에 분유를 넣고 약불에서 끓이다가 3, 4, 5를 넣고 저으면서 5분간 끓인다.

- 닭고기 육수 : 닭뼈, 고기를 삶아서 육수를 낸 다음 식혀서 기름 걷어내고 큐브로 얼려서 사용할 수 있다.
- 감자, 당근, 고구마, 단호박 : 찐 후 뜨거울 때 으깨서 큐브로 냉동하여 사용할 수 있다.

중기 이유식

오트밀수프

재료

오트밀 20g, 감자 20g
양파 10g, 분유 20g

만들기

1 감자, 양파는 김이 오른 찜기에 10분간 찐다.

2 뜨거울 때 으깬다.

3 분유를 물 100ml에 갠다.

4 냄비에 분유를 붓고 약불에서 저으면서 2와 오트밀을 넣고 5분간 끓인다.

 알 아 보 기

• 오트밀은 분말로 사용해도 된다.

중기 이유식

단호박 양파수프

단호박과 양파는 위를
튼튼하게 해주고 기운
을 좋게 한다.
남녀노소 모두에게 필
요한 영양성분이 들어
있다.

재료

단호박 20g, 양파 20g
분유 20g

만들기

1 김이 오른 찜기에 단호박과 양파를 넣고 10분간 찐다.

2 찐 단호박과 양파는 뜨거울 때 으깬다.

3 분유는 물 100ml에 녹인다.

4 냄비에 3, 2를 넣고 약불에서 저어가며 5분간 끓인다.

중기 이유식

고구마 사과수프

고구마는 변비해소에
효능이 있다,
사과는 갈증 해소에 좋
고 소화를 도우며 설사
를 멈추게 해준다.

재료

고구마 20g, 사과 20g
분유 20g

만들기

1   고구마는 김이 오른 찜기에 10분간 찐다.

2   찐 고구마는 뜨거울 때 으깬다.

3   사과는 껍질째 강판에 간다.

4   분유는 물 100ml에 녹인다.

5   냄비에 2, 3, 4를 넣고 약불에서 저으면서 5분간 끓인다.

양송이수프

양송이버섯은 단백질
함량이 매우 높다.

재료

양송이 50g, 양파 10g
분유 30g

만들기

1 양송이는 기둥을 떼고 껍질을 벗긴다.

2 물 200ml를 냄비에 붓고 끓으면 양송이와 양파를 데친다.

3 분유 30g을 물 100ml에 갠다.

4 믹서기에 2, 3을 넣고 갈아준 다음 냄비에 붓고 약불에서 5분간 끓인다.

필요할 때마다 채소를 다듬고 씻어서
준비하면 좋지만 양이 적어서
재료 준비가 쉽지 않을 수 있다.
한꺼번에 몇 주 분량을 준비하여
큐브로 냉동하면 시간과 비용을
절감할 수 있다.

할머니가
만드는
도아 이유식

후기 이유식

영양닭죽

닭고기는 단백질 함량이 높으며 두뇌 활동을 좋게 한다.

재료

닭다리 2개, 감자 10g
당근 10g, 부추 2줄기

만들기

1 물 600ml를 붓고 끓으면 닭다리를 넣고 중불에서 20분간 삶는다.

2 삶은 다리 살은 손으로 찢어서 다지듯이 잘게 썬다.

3 닭육수 300ml에 불린 쌀을 넣고 약불에서 10분간 끓인다.

4 부추, 감자, 당근은 0.5×0.5cm로 썬다.

5 3에 4를 넣고 약불에서 5분간 끓인다.

후기 이유식

들깨닭죽

들깨는 기침과 갈증을
내려주고 천식에도
도움을 준다.

재료

닭다리 2개, 불린 찹쌀 30g + 불린 쌀 20g
거피들깨 30g

만들기

1 끓는 물 800ml에 닭다리를 넣고 중불에서 20분간 삶는다.

2 삶은 다리살은 곱게 찢는다.

3 닭다리 삶은 육수는 차게 식혀서 기름을 걷어낸다.

4 맑은 닭육수 600ml를 냄비에 붓고 중불에서 끓인다.

5 4에 찹쌀과 쌀을 넣고 중불에서 10분간 끓인다.

6 물 또는 닭육수에 거피들깨를 푼 다음 5에 넣고 골고루 저으면서 5분간 끓인다.

7 그릇에 담고 찢은 닭고기를 고명으로 얹어준다.

 알 | 아 | 보 | 기

• 닭다리살 : 고기가 연하고 지방이 적당하고 맛있는 부위라서 아기가 먹기에 참 좋다.

가지 애호박 진밥

가지는 수분이 가장
많은 여름철 보양식품
이다.
애호박은 안구 건강에
도움을 주며 뇌 기능
증진에 도움을 준다.
소고기는 근골을 튼튼
하게 해준다.

재료

가지 30g, 애호박 30g
소고기 안심 30g, 불린 쌀 30g

만들기

1 소고기는 냄비에 물 200ml를 붓고 20분간 삶는다.

2 삶은 고기는 곱게 다진다.

3 가지, 애호박, 양파는 0.3×0.3cm로 잘게 다지듯 썬다.

4 1의 육수 80ml를 냄비에 붓고 불린 쌀을 넣고 약불에서 10분간 끓인다.

5 4에 3을 넣고 골고루 섞은 다음 약불에서 5분간 뜸들인다.

 알 | 아 | 보 | 기

• 진밥을 할 때 쌀 : 물의 양 = 30g : 80ml
• 밥을 사용하면 시간을 단축할 수 있다.
• 여러 가지 채소들을 다져서 큐브로 만들어 냉동해서 사용할 수 있다.

후기 이유식

고구마 양파 브로콜리 진밥

고구마는 포슬포슬하게 삶아서 그냥 먹어도 좋지만 밥에 넣어서 먹으면 섬유질 흡수가 배가 된다.
브로콜리는 감기 예방과 피부 건강에 도움을 준다.

재료

고구마 30g, 양파 10g
브로콜리 20g. 불린 쌀 30g

만들기

1   고구마, 양파는 다지듯이 곱게 썬다.

2   브로콜리는 끓는 물에 30초간 데쳐낸 다음 꽃송이 부분을 곱게 다진다.

3   고기 육수 100ml에 불린 쌀과 1, 2를 넣고 중불에서 5분, 약불에서 10분간 뜸들인다.

 알 | 아 | 보 | 기

· 밥을 사용하면 빨리 만들 수 있다.
· 양이 많으면 소분하여 큐브로 얼렸다 해동해서 먹여도 된다.

후기 이유식

소고기 가지 시금치 진밥

소고기는 근골을 튼튼하게 해준다.
가지는 지혈작용과 부기를 가라앉히고 변을 잘 나오게 한다.
시금치는 위와 장을 잘 통하게 하는 효과가 있다.

재료

소고기 30g, 양파 10g, 시금치 20g
가지 20g, 불린 쌀 30g

만들기

1 소고기는 입자가 없을 정도로 곱게 다진다.

2 시금치는 끓는 물에 30초 데쳐낸 다음 잘게 다진다.

3 가지는 0.3×0.3cm로 잘게 다지듯 썬다.

4 냄비에 불린 쌀과 1, 2, 3을 넣고 골고루 섞은 다음 물 80ml를 붓고 중불에서 5분간 끓인 뒤 약불에서 10분간 뜸들인다.

후기 이유식

소고기 감자 당근 양파 진밥

소고기는 근골을 튼튼
하게 해준다.
감자는 신체를 튼튼하
게 해주며 신장을 도와
준다.
당근은 눈을 밝게 해주
며 기침을 멈추게 한다.
양파는 단맛이 있어 밥
의 풍미를 좋게 한다.

재료

소고기 30g, 양파 10g, 감자 20g
당근 10g, 불린 쌀 30g

만들기

1 소고기는 곱게 다진다.

2 감자, 당근, 양파는 0.3×0.3cm로 잘게 다지듯 썬다.

3 냄비에 불린 쌀과 1, 2를 넣고 골고루 섞은 다음 물 80ml를 붓고 중불에서 5분간 끓인 뒤 약불에서 10분간 뜸들인다.

후기 이유식

우엉 고구마 브로콜리 진밥

우엉은 장 건강에 좋고
면역력 향상에 도움이
된다.
고구마는 변비 해소에
도움을 준다.
브로콜리는 감기 예방
과 피부 건강에 도움을
준다.

재료

우엉 20g, 양파 10g, 고구마 30g
당근 10g, 불린 쌀 30g, 브로콜리 10g

만들기

1   우엉, 고구마, 당근, 양파는 0.3×0.3cm로 잘게 다지듯 썬다.

2   브로콜리는 데친 다음 꽃송이 부분만 다진다.

3   고기 육수 120ml에 불린 쌀과 1, 2를 넣고 골고루 섞은 다음 중불에서 5분간 끓인 뒤 약불에서 10
    분간 뜸들인다.

알 아 보 기

• 고기 육수가 없으면 물로 밥을 지어도 된다.

후기 이유식

연근 감자 당근 양파 진밥

연근은 열을 내리고 혈을 식히며 지혈작용이 있다. 감자는 신체를 튼튼하게 해준다.
당근은 눈을 밝게 해주고 기침을 멈추게 한다. 양파는 밥의 풍미를 좋게 한다.

재료

연근 20g, 양파 10g, 감자 10g
당근 10g, 불린 쌀 30g

만들기

1   연근, 감자, 당근, 양파는 0.3×0.3cm로 잘게 다지듯 썬다.

2   고기 육수 100ml에 불린 쌀과 1을 넣고 중불에서 5분간 끓인 뒤 약불에서 10분간 뜸들인다.

후기 이유식

애호박 새우 팽이 진밥

애호박은 안구와 시력 보호에 좋으며 뇌 기능을 좋게 한다.
새우는 신장을 좋게 하며 면역력 향상에 좋다.
팽이는 기운을 튼튼하게 한다.

재료

애호박 200g, 당근 10g,
새우살 30g, 팽이 10g, 불린 쌀 30g

만들기

1 새우, 애호박, 당근, 팽이는 0.3×0.3cm로 잘게 다지듯 썬다.

2 고기 육수 100ml에 불린 쌀과 1을 넣고 골고루 섞은 다음 중불에서 5분간 끓인 뒤 약불에서 10분간 뜸들인다.

후기 이유식

단호박 밥볼

단호박은 붓기를
가라앉히며 기운을
좋게 한다.

재료

단호박 30g, 밥 80g

만들기

1 단호박은 무르게 푹 찐다.

2 뜨거울 때 으깨어 밥과 섞는다.

3 한입 크기의 작은 공 모양으로 만든다.

소고기 케일 밥볼

재료

소고기 안심 30g, 케일 20g
밥 80g

만들기

1 소고기 안심은 핏물을 닦고 곱게 다진다.

2 케일은 데쳐서 곱게 다진다.

3 팬에 물 30ml를 두르고 다진 고기를 볶는다.

4 3에 다진 케일과 밥을 넣고 골고루 볶듯이 섞는다.

5 한입 크기의 작은 공 모양을 만든다.

소고기는 근골을 튼튼
하게 해준다.
케일은 항산화 성분이
풍부하며 유아의 두뇌발
달에 좋은 효능이 있다.

후기 이유식

표고버섯 감자 밥볼

재료

건 표고버섯 1장, 감자 30g
밥 80g

만들기

1 표고버섯은 말랑말랑하게 삶거나 불린다.

2 1의 버섯은 얇게 포를 떠서 채썬 후 곱게 다진다.

3 감자는 0.3×0.3cm로 잘게 다지듯 썬다.

4 팬에 물 30ml를 두르고 약불에서 2, 3을 볶는다.

5 4에 밥을 넣고 골고루 비비듯 섞는다.

6 한입 크기의 작은 공 모양을 만든다.

고구마 닭고기 비타민 밥볼

재료

고구마 30g, 닭안심 30g
비타민 10g

만들기

1 비타민은 데쳐서 잘게 썬다.

2 고구마, 닭고기는 곱게 다지듯 썬다.

3 팬에 물 50ml를 붓고 2를 넣고 약불에서 볶으면서 익힌다.

4 3에 1과 밥을 넣고 골고루 비비듯 섞는다.

5 한입 크기의 작은 공 모양으로 만든다.

고구마는 변비 해소에
좋다.
닭고기는 허약한 몸을
보하며 근골을 튼튼하
게 한다.
비타민은 눈 건강에 좋
으며 수분이 매우 풍부
하다.

돼지고기완자

재료

돼지고기 안심 50g, 양파 10g, 당근 10g
달걀 노른자 1개, 찹쌀가루 20g

만들기

1 돼지고기는 곱게 다진다.

2 양파, 당근은 0.3×0.3cm로 잘게 다지듯 썬다.

3 팬에 물 30ml를 두르고 2를 볶다가 1을 넣고 골고루 섞어서 볶는다.

4 3을 볼에 담고 찹쌀가루, 노른자를 섞어서 완자를 만든 다음 팬에서 한 번 더 굽듯이 익힌다.

알 | 아 | 보 | 기

• 팬에 물을 두르고 약불에서 익히거나 전자레인지 또는 에어프라이어를 활용해도 된다.

• 버터나 식용유를 조금 둘러도 괜찮긴 하지만 간이 있어서 꺼려질 수도 있다.

• 찹쌀가루가 없으면 밥을 좀 으깨서 섞어도 된다.

- 12~18개월 : 이때부터 아기의 영양은 식사 형태로 챙겨주게 된다.
- 통곡물→채소→과일→동물성 단백질→유제품을 균형 있게 먹인다.
- 식품에서 채울 수 없는 비타민 D와 유산균은 별도로 섭취해야 한다.
- 소고기는 매일 40~50g을 섭취해야 한다.
- 식사는 주식으로 3회이며 수유는 줄이는 것이좋다.
- 밤중 수유는 완전히 끊는 것이 좋다.
- 간식은 핑거푸드로 스스로 집어먹게 한다.
- 가능하면 숟가락을 사용하도록 한다.
- 비빔밥 형태로 주는 것보다 식판을 사용하여 밥과 반찬을 따로 주는 것이 좋다.
- 신체의 오장 : 간, 심장, 비위장, 폐, 신장을 이롭게 하는 청색, 적색, 황색, 흰색, 흑색의 식품을 균형 있게 조성하면 좋다.
- 어른들 즉 엄마, 아빠의 식단 구성에도 다섯 가지 색깔을 조화롭게 구성하면 좋다.

할머니가
만드는
도아 이유식

두부 마요네즈

두부는 열을 내리고 해
독작용을 하며 담을 없
애고 기운을 돋워준다.

재료

두부 40g, 올리브유 80g
레몬즙 30g

만들기

1 두부는 1×1cm로 썰어서 끓는 물에 데친다.

2 데친 두부는 키친타월로 물기를 제거한다.

3 믹서기에 데친 두부, 올리브유, 레몬즙을 넣고 믹싱한다.

완료기 이유식

달걀 샌드위치

달걀은 두뇌 건강, 안구 건강, 면역력 증가, 빈혈 예방에 좋은 식품이다.

재료

삶은 달걀 1개, 호밀식빵 2장
두부마요 30g

만들기

1 삶은 달걀은 체에 내린다.

2 1을 볼에 담고 두부마요를 넣고 골고루 섞는다.

3 식빵에 2를 바르고 식빵을 포개어서 꾹 누른 다음 가장자리를 잘라낸다.

4 3을 한입 크기 또는 4등분을 한다.

완료기 이유식

소고기 채소덮밥

소고기는 근골을 튼튼
하게 해준다.
당근은 눈을 밝게 해
준다.

재료

밥 80g, 소고기 우둔살 30g
당근, 애호박, 양파 각 30g, 감자 전분 10g

만들기

1 소고기는 잘게 다진다.

2 당근, 애호박, 양파는 잘게 다진다.

3 육수 100ml에 1, 2, 3을 넣고 익힌다.

4 고기, 채소가 익었을 때 물에 푼 전분을 넣고 골고루 섞어서 완성한다.

알 | 아 | 보 | 기

• 간은 18개월 지나서 하는 것이 좋다.
• 진간장이나 참기름을 조금 넣어도 괜찮다.

완료기 이유식

게살 순두부덮밥

재료

게살 500g, 순두부 50g, 당근 10g
새송이버섯 20g, 양파 10g, 감자전분 5g
밥 80g, 고기육수 또는 채수 80ml

만들기

1 당근, 새송이, 양파는 다진다.

2 냄비에 채소와 게살을 넣고 볶는다.

3 2에 육수를 넣고 끓으면 순두부를 넣는다.

4 3에 전분 물을 넣어 농도를 맞춘다.

5 밥을 담고 얹어낸다.

완료기 이유식

소고기 두부 채소덮밥

소고기는 근골을 튼튼
하게 해준다.
두부는 열을 내리고 기
운을 돋워준다.

재료

소고기 30g, 당근 20g, 양파 10g
애호박 20g, 파프리카 10g
두부 30g, 감자전분 10g, 밥 80g

만들기

1 채소는 다지고 두부는 1×1cm로 썬다.

2 소고기는 다진다.

3 냄비에 50ml의 물을 붓고 소고기와 채소를 넣고 약불에서 볶는다.

4 3이 익으면 두부와 물 100ml를 붓고 한소끔 끓인다.

5 4에 전분물을 넣어 농도를 맞춘다.

완료기 이유식

닭안심 달걀 채소덮밥

닭고기는 허약한 몸을 보하며 근골을 튼튼하게 한다.
달걀은 두뇌 건강, 빈혈 예방, 안구 건강, 면역력 증가에 도움을 준다.

재료

닭안심 60g, 달걀 1개, 당근 20g
양파 10g, 부추 10g, 밥 80g

만들기

1 닭안심은 물 200ml를 넣고 삶는다.

2 삶은 닭안심은 다진다.

3 당근, 양파는 다지고, 부추는 0.5cm로 썬다.

4 닭육수에 2, 3을 넣고 약불에서 3분간 끓인다.

5 미리 풀어둔 달걀을 4에 넣고 익을 때까지 잠시 기다린다.

6 밥 위에 5를 얹어준다.

완료기 이유식

소고기 가지 청경채덮밥

소고기는 근골을 튼튼
하게 해준다.
가지는 부기를 가라앉
게 하고 변을 잘 나오
게 한다.
청경채는 뼈 건강, 피부
미용, 눈건강에 좋다.

재료

소고기 30g, 가지 30g, 청경채 20g
양파 10g, 전분 10g, 밥 80g

만들기

1   소고기는 다진다.

2   가지, 양파는 다지고 청경채는 데쳐서 다진다.

3   냄비에 물 50ml를 넣고 1을 볶다가 2를 넣고 볶는다.

4   3에 물 100ml를 붓고 약불에서 5분간 끓이다가 전분물을 넣고 농도를 맞춘다.

5   밥 위에 얹어준다.

완료기 이유식

연두부 채소덮밥

재료

연두부 50g, 달걀 1/2개, 애호박 30g
브로콜리 20g, 애느타리버섯 10g, 홍피망 10g, 감자전분 10g
육수 : 다시마(10×10cm) 1장, 다시용 멸치 30g, 물 1L

만들기

1 육수를 끓인다.

2 채소를 다진다.

3 브로콜리는 데친 후 꽃송이만 다진다.

4 냄비에 육수 50ml를 부은 뒤 2, 3을 넣고 볶는다.

5 4에 멸치육수 100ml를 붓고 약불에서 3분간 끓인다.

6 5에 달걀 1/2개, 연두부를 넣고 약불에서 2분간 끓인다.

7 6에 전분물을 넣고 농도를 맞춘다.

8 밥 위에 얹어준다.

연두부는 탄수화물과
풍부한 식이섬유를 함
유하고 있어
소화흡수에 도움을 주
고 장운동을 활발하게
한다.

완료기 이유식

두부 달걀덮밥

두부는 열을 내리고 기운을 도와준다.
달걀은 빈혈을 예방하고 안구 건강과 두뇌 건강에 좋다.

재료

두부 50g, 달걀 1개, 애호박 20g
브로콜리 20g, 당근 10g, 양파 10g
멸치육수 100ml, 밥 80g

만들기

1 채소를 다진다.

2 브로콜리는 데친 후 꽃송이만 다진다.

3 냄비에 육수 50ml를 붓고 1, 2를 넣고 약불에서 2분간 볶는다.

4 3에 육수 100ml를 붓고 약불에서 3분간 끓인다.

5 4에 두부를 1×1cm로 썰어 넣고 달걀은 선을 그리듯 부은 뒤 2분간 젓지 않고 둔 다음 달걀이 익으면 담아낸다.

완료기 이유식

닭고기 카레덮밥

재료

닭안심 50g, 양파 10g, 애호박 20g
당근 10g, 새송이버섯 10g, 방울토마토 3개
찹쌀 50g, 카레가루 20g

만들기

1 양파, 애호박, 당근, 새송이버섯은 0.5×0.5cm로 깍둑썰기한다.

2 물이 끓으면 방울토마토를 데치고 껍질을 벗긴다.

3 2를 잘게 다진다.

4 닭안심을 물 150ml에 넣어 삶는다.

5 4를 다진다.

6 닭육수에 1, 3, 4를 넣고 약불에서 3분간 끓인다.

7 닭육수 50ml에 카레가루를 풀어 6에 넣고 약불에서 3분간 끓인다.

알 | 아 | 보 | 기

• 넉넉히 만들어서 냉장 보관하여 먹여도 된다.

218

소고기 소보로덮밥

재료

소고기(우둔) 100g, 달걀 3개
오이 1/3개, 물 30ml, 밥 80g

만들기

1 소고기는 키친타월로 핏물을 닦고 다진다.

2 오이는 다진다.

3 달걀은 풀어서 스크램블을 한다.

4 팬에 물 30ml를 붓고 1, 2를 넣고 약불에서 3분간 볶는다.

5 밥에 스크램블과 고기, 오이를 담아준다.

알 | 아 | 보 | 기

• 스크램블 : 약한 불에 팬을 올리고 식용유 5g을 넣고 미리 풀어둔 달걀을 붓고 팬 가장자리에
  서 안쪽으로 튀김 젓가락으로 달걀을 저으면서 익히는 것을 말한다.

완료기 이유식

닭고기 고구마 두부덮밥

재료

닭고기 50g, 고구마 30g, 새송이 20g
당근 10g, 두부 30g, 감자전분 10g, 채수 150ml
채수 : 물 500ml, 건 표고 3장, 다시마(10×10cm) 1장

만들기

1 닭고기, 고구마, 새송이, 당근을 다지듯 잘게 썬다.

2 두부는 1×1cm로 깍둑썬다.

3 냄비에 채수 150ml를 붓고 끓으면 1을 넣어 약불에서 5분간 끓인다.

4 3에 2를 넣고 전분물을 넣고 약불에서 3분간 끓인다.

5 밥 위에 얹어준다.

닭고기는 허약한 몸을 보하며 근골을 튼튼하게 해준다.
고구마는 변비 해소에 좋다.
두부는 열을 내리고 이뇨작용이 있으며 기운을 돋우는 효과가 있다.

완료기 이유식

참고문헌

- 도호 약선 본초학(백산출판사)
- 한그릇 뚝딱 이유식(청림라이프)
- 아이주도 이유식 : 유아식(중앙books)

저자 소개

서경희

현) 힐링푸드연구원 원장
현) 마음찬도시락 대표
대구가톨릭대학교 대학원 외식산업학과(보건학 석사)
전) 대구시 종합복지회관 급식조리 전임강사
전) 대경대학교 호텔조리학과 외래교수
전) 농업기술센터 조리교육 다수
전) 대구시 교과부 지식경제부 힐링푸드 전문인력 양성과정 운영
전) 마이맘푸드협동조합 이사장
전) 명인고등학교 특성화교육 강사
향토식문화대전 대상
향토식문화대전 최우수 지도자상
보건복지부 장관상
AT공사 사장 표창장
저서 : 대한민국 맛의 방주 향토편

유튜브 채널 : 요리선생 서경희의 집밥 같은 상업요리
블로그 채널 : https://blog.naver.com/kh7505
마음찬도시락 홈페이지 : https://smartstore.naver.com/kh7505

도움 주신 분들
사진 손효재 / 스태프 서동진 / 코디네이터 전효원

저자와의
합의하에
인지첩부
생략

요리선생 할머니가 만드는 도아 이유식

2023년 5월 10일 초판 1쇄 인쇄
2023년 5월 15일 초판 1쇄 발행

지은이 서경희
펴낸이 진욱상
펴낸곳 백산출판사
교　정 성인숙
본문디자인 신화정
표지디자인 오정은

등　록 1974년 1월 9일 제406-1974-000001호
주　소 경기도 파주시 회동길 370(백산빌딩 3층)
전　화 02-914-1621(代)
팩　스 031-955-9911
이메일 edit@ibaeksan.kr
홈페이지 www.ibaeksan.kr

ISBN 979-11-6639-339-6　13590
값 25,000원